6

猫侦探的数学谜题

杨嘉慧 施晓兰 / 著
郑玉佩 / 绘

蛋糕怎么切？

长江出版传媒 长江文艺出版社

目 录

01 沙漏游戏　四则运算　烙饼问题 ·· 1

02 好滋味的铜锣烧　逻辑推理　烙饼问题 ···························· 5

03 点猪排，送布丁　逻辑推理 ··· 9

04 面包到底多少钱？　逻辑推理　说谎问题 ······················· 13

05 一起来过桥　逻辑推理 ·· 17

06 美味蛋糕平均9元　平均数　统计 ··································· 21

07 抽色球，换魔术扑克牌！　分类与统计　可能性 ············· 25

08 三只小猪的新房子　几何图形　多边形的面积 ················ 29

主 角 介 绍

猫儿摩斯

　　拥有一流推理能力和敏锐的数学逻辑头脑的猫侦探——猫儿摩斯登场喽！每当森林里的小动物们遇到困难，猫儿摩斯就会及时出现，协助破解谜团。猫儿摩斯常常让爱贪小便宜的狐狸老板气得跳脚呢！

09 树懒的五边形饼干　几何图形　多边形的面积 ——————— 33

10 哪个不是盲盒?　几何图形　正方体展开图 ——————— 37

11 对称图闯关游戏　几何图形　图形运动 ——————— 41

12 蛋糕怎么切?　几何图形 ——————— 45

13 奇数站东边，偶数站西边　奇偶数　因数和倍数 ——————— 49

14 过桥的谜题　逻辑推理　奇偶教 ——————— 53

15 抽号码球，坐热气球　逻辑推理 ——————— 57

📋 解答 ——————— 61

每个名侦探都有一位得力助手，偏偏助手猫儿花生有点迷糊，有时候会误导办案，甚至好几次把证物吃掉了！

猫儿花生

狐狸老板

在森林开商店的狐狸老板，生意头脑超级好，总是用一些谜题或盲点来大发黑心财！

沙漏游戏

大家到沙漏王国旅行，那里有各式各样的沙漏，狐狸老板买了好多沙漏，准备带回店里卖。

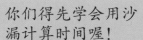

你们得先学会用沙漏计算时间喔！

对啊，这里只有沙漏，没有时钟。

猫儿摩斯，麻烦你教我们用沙漏计时。

没问题，狐狸老板，我想向你借两个沙漏。

看在大家帮忙提袋子的分上，好吧。

狐狸老板的沙漏一大一小，大的7分钟，小的4分钟。

7分钟 → 4分钟 →

运用加法和减法，可以测量其他时间。

怎么弄呢？

7分钟 + 4分钟

先用大沙漏计时，流沙漏光后，换小沙漏，这样就能得出7+4=11，11分钟。

大沙漏和小沙漏同时翻转，也可以计算时间喔！

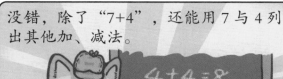

没错，除了"7+4"，还能用7与4列出其他加、减法。

$$4+4=8$$
$$7+7=14$$
$$7-4=3$$
$$4+4-7=1$$

这些加法、减法和沙漏有关系吗？

"4+4"就是连续用两次4分钟的沙漏计时。

原来是这样，小沙漏漏完后，再翻转回来计时，便能用8分钟时间烧开水、泡奶茶。

4分钟 ＋ 4分钟

——泡奶茶 8分钟——→

我懂了，"7+7"就是大沙漏漏完后，再翻转回来计时。

7分钟 ＋ 7分钟

那"7-4"呢？

大沙漏和小沙漏同时翻转，等小沙漏漏完，大沙漏剩下的流沙，刚好需3分钟才会漏完。

4分钟

4分钟 3分钟

烤吐司3分钟

所以要烤吐司，得先等小沙漏漏完。

那 4+4−7=1
要怎么算？

可以把"4+4"
想成是 8 分钟的
大沙漏。

没想到只要
用两个沙漏，
就能计算不
同的时间。

烹饪大赛快
要开始了，
大家赶快去
广场吧。

大家中午好，烹饪大赛即将开始！
桌上有两个沙漏，只要在规定的
时间内完成，都能获得奖品喔。

要为我们加
油喔！

加油啊，
大家！

数学追追追

沙漏是一种用来计算时间的工
具。最早是用水滴，可是有些地方
太冷，水会结冰，就改用沙子，名
称就叫作"沙漏"。

好特别喔，给
我吧。

才不要呢！

哇，礼物有
沙漏和银汤
匙耶！

好滋味的铜锣烧

狐狸老板气呼呼地叫住小兔，要他赔偿玻璃窗的钱，究竟发生了什么事？

昨晚6点20分，店里的玻璃窗被打碎。我跑到窗口，见你慌慌张张地逃走了。

我当时在买好滋味的铜锣烧，不可能是我呀。

我可以作证。小兔昨晚还送我两个热腾腾的铜锣烧。

好滋味的社群网站贴了一张客人照，拍到了排队中的小兔。问老板拍照时间，就知道小兔有没有可能打破玻璃。

照片是开始营业时女儿拍的。

铜锣烧是晚上6点开卖，我提早10分钟到，就已经大排长龙了。

现做铜锣烧要等多久？

我一次做一袋铜锣烧，每袋6个，需花两分钟；之后要等1分钟让锅子降温，才会做下一袋铜锣烧。昨天晚上，每位客人都是买一袋铜锣烧。

2分钟　　　1分钟　　　2分钟

小兔肯定是买完铜锣烧后，砸破了玻璃窗。

从铜锣烧店跑到狐狸老板的店门口，需花6分钟……总之，先计算小兔拿到铜锣烧的时间，再下结论吧。

6分钟

想一想，第几位客人不用等锅子降温？

客人分两大类，除了第1位客人不用等锅子降温，其他人都要多等1分钟。

第1位客人等2分钟，下一位还要再等3分钟，依此类推，小兔是6点17分拿到铜锣烧，是第6位客人。

做铜锣烧：2分钟
降温：1分钟
等待时间：2+3+3+3+3+3=17

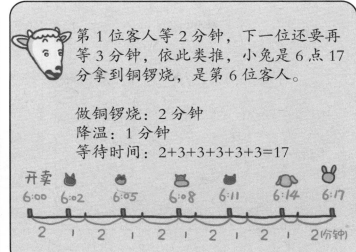

所以小兔买完铜锣烧后，还有时间弄破窗户。

不对唷，小兔拿到铜锣烧，到达狐狸老板店门口已经6点23分。

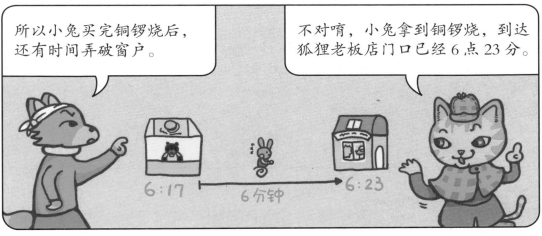

你这么说也有道理，可是我明明看见他的背影……

老板，我要一袋铜锣烧，练完球，肚子好饿。

他的穿着和小兔有点像。

你昨晚玩球时，是不是砸破了玻璃窗？

对，对不起，我把玻璃窗弄破了。

赔我钱！

我只能用打工抵钱，零用钱花光了。

好吧，玻璃钱，外加没有马上认错，还有精神损失……你得连续替我工作一个月。

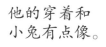 **数学追追追**

小兔、小羊、猫儿花生和狐狸老板玩接力画图游戏，每人画 10 秒，并另花 10 秒将纸、笔传给下一位。请问游戏从开始到结束，一共花了多少秒？

（答案请见 61 页）

点猪排，送布丁

黑熊猪排店新开张，来了好多客人。大家不但可以自己煎猪排，还有机会吃免费布丁。

猪排每面煎10分钟，两面都要煎才会熟。

10分钟 翻面 10分钟

不要急，一个锅子可以同时煎2块。

现在点3份猪排，并且在30分钟内煎熟猪排，可以吃到免费布丁喔！

点猪排，布丁免费吃！

我们一起点猪排，这样就能吃到布丁。

好哇！

可是煎3份猪排至少要花40分钟，怎么在30分钟内完成？

用 2 个锅子，20 分钟就能完成。

20分钟　　　　20分钟

只能用一个锅子喔。

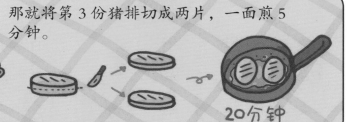

那就将第 3 份猪排切成两片，一面煎 5 分钟。

20分钟

这样也不行喔。

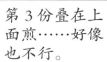

第 3 份叠在上面煎……好像也不行。

去请教猫儿摩斯好了。

请你帮帮我们！

我想想看。

3 份猪排轮流煎，只要 3 次就可以全部煎熟了。

猪排每面煎 10 分钟、锅子一次煎 2 面猪排，30 分钟便能煎 6 面猪排。

我们算过了，要花 40 分钟才能煎好猪排。

我还没说完呢。3 份猪排标上 A，B，C 三个记号。

猪排A　猪排B　猪排C

然后呢？

第一个 10 分钟煎 A、B 正面。

第二个 10 分钟，煎 A 的背面、C 的正面。

B 还没熟耶？

A（正）　B（正）

A（背）　C（正）

B（背）　C（背）

第一个 10分钟

第二个 10分钟

第三个 10分钟

第 3 个 10 分钟，煎 B 和 C 的背面。

几天后，熊老板换了一个大锅子，大锅子能同时煎3份猪排，30分钟内煎熟4份猪排便能得到布丁，该怎么煎呢？

（答案请见61页）

面包到底多少钱？

三姐妹面包店的面包有 15 元和 20 元两种价格。小羊、小兔选了一个桂圆面包，结账时，却遇到大麻烦。

哇！好多面包，看起来都好好吃喔！

欢迎光临！

我们要买桂圆面包，一个多少钱？

面包的价钱是 3 的倍数。

老大

桂圆面包 15 元。

老二

面包的价钱是 2 的倍数。

老三

到底多少钱呀?

呵呵，这是这家店独特的结账方式！三姐妹之中，有两个人永远说谎话，而只有一位永远说实话。

永远说谎话，就是她说的每句话都是假的；永远说实话，就是每句话都是真的。

谎话　　实话

那你们一定知道谁永远说实话啰？快告诉我吧！

你们可以根据回答，判断谁说谎话，谁说实话。

答案都不同，怎么判断呀？我肚子好饿，想赶快吃到面包。

咕咕

假设老大说实话，老二、老三是不是全说谎话？

14

如果说实话的是老大，面包便是 15 元。

老大

面包的价钱是 3 的倍数。

面包的两种价格：
15 元 ＝3 × 5
20 元不是 3 的倍数

就是 15 元。

老二

桂圆面包 15 元。

咦？如果价钱是 15 元，那老二说的也是实话呀。但是说实话的只有一个人。

老大　老二

所以老大和老二之间有一个人说谎！

老二

桂圆面包 15 元。

面包的价钱是 3 的倍数。

老大

假设说实话的是老二，那老大说的也是实话，这样也不成立。

15

（答案请见 61 页）

数学追追追

辨别真话和假话的游戏，可以训练自己判断一句话或一篇文章写的究竟是谣言，还是事实，这是很好的逻辑训练。想想看，假设甲、乙、丙三人中，有人永远说谎话，有人永远说实话。问他们："你们之中有几个人永远说谎话？"甲说 1 位、乙说 2 位、丙说 3 位。请问，说谎的有几位？

05

一起来过桥

猫儿摩斯和狐狸、小羊、小兔一起出去玩，他们在黑暗的森林里迷路了，绕不出来……

这座吊桥看起来好老旧喔！

每次限走2人，如果3人以上，桥会断裂……

那大家分批走吧。

可是好暗呀。

我有一根蜡烛，但是只能燃烧90秒。

2人过桥后，得有1人拿蜡烛回来，这样来回要1、2、3……一共要5趟，平均一趟只能花18秒。

18秒，这根本办不到！

只要知道大家走路的速度，我就可以让大家安全过桥。

我这里有上次大家参加运动会百米快走的成绩。

连这种事都写在日记里！

05

我找到了！

接下来呢？

第1名：兔 5秒
第2名：羊 15秒
第3名：猫 30秒
第4名：狐 40秒

分成2组：

甲组 猫＋狐 30秒 40秒　｜　乙组 兔＋羊 5秒 15秒

我觉得慢的和慢的、快的和快的一起走，最省时。

第一趟由我和猫儿摩斯，我比较慢，猫儿摩斯快，这样算30秒还是40秒？

 40秒？ 30秒？？

快的要等慢的，所以是40秒。
 40秒

我来把过桥时间加一加。

秒数是120秒，我看小羊和小兔就留下来吧！

趟数	过桥	秒数	已过桥
1过桥	猫＋狐	40	狐
2折返	猫	30	
3过桥	羊＋兔	15	羊
4折返	兔	5	
5过桥	猫＋兔	30	猫＋兔
秒数合计		120	

不行，大家都得一起走。

单独回来的人速度必须快，而速度慢的也要和慢的一起走，才不会浪费时间。这样该怎么分组呢？

趟数	过桥	秒数	已过桥✓
1 过桥	+	40	
2 折返		5	
3 过桥	+	30	
4 折返		5	
5 过桥	+	15	
秒数合计		95	

我已经知道该怎么过桥了。

你们可别扔下我，自己过桥喔！

趟数	过桥	秒数	已过桥✓
1过桥	🐰 + 🐑	15	🐑
2折返	🐰	5	
3过桥	🐱 + 🦊	40	🐱 🦊
4折返	🐑	15	
5过桥	🐰 + 🐑	15	🐰 🐑
秒数合计		90	

大家很开心都过桥了！

达成目标 **90**秒！

数学追追追

　　过桥时间要短，方法是慢的要和慢的一组、快的要和快的一组，而且单独回来的人速度必须快。猫儿摩斯的策略是小兔和小羊在甲组，猫儿摩斯和狐狸是乙组，单独回程的工作都交给甲组。因此，甲组得最先过桥，让小兔与小羊各在桥的两端，等乙组过桥后，甲组成员再单独回来。

我们现在很有默契了，可以去参加两人三脚喽！

美味蛋糕平均 9 元

狐狸老板最近推出很多好吃的蛋糕，每个平均只卖 9 元，好多人前来购买。

平均 9 元是什么意思?

平均数是把一组数字相加, 再除以这组数字的个数。

杏仁蛋糕 18元 草莓蛋糕 12元 巧克力蛋糕 5元 牛奶蛋糕 4元 蜂蜜蛋糕 6元

$(18元 + 12元 + 5元 + 4元 + 6元) \div 5个 = 9元 (平均数)$

原来平均数 "9 元" 不是蛋糕的真正售价。

草莓蛋糕和杏仁蛋糕加起来, 确实是 30 元。

我没算错吧? 快回去拿钱。

被 "平均数" 骗了。

为什么要算平均数?

平均数有很多用途, 这组数字的平均数也可以写成:

$18 + 12 + 5 + 4 + 6 = 9 + 9 + 9 + 9 + 9 = 9 \times 5$

（答案请见61页）

数学追追追

"平均数"常用来计算一个月的平均温度，以了解这个月的温度大约在几摄氏度。它也可以计算全班同学考试的平均分数，例如小羊数学考 88 分，全班同学的平均分数是 82 分，请问小羊这次数学考得好不好呢？

抽色球，换魔术扑克牌！

07

狐狸老板推出省钱新花招："抽色球，换魔术扑克牌！"一盒16元的魔术扑克牌，最少只需花6元，就可以带回家了！

这个抽奖箱里面有蓝色和红色两种球，各12颗。2元抽1颗球；一次最少给6元，抽3颗球。

如果抽到3颗相同颜色的球，不管红色或蓝色，都可以换一盒魔术扑克牌。

连续抽到相同颜色的球，好像不容易？

但是付6元，就有机会得到一盒魔术扑克牌。

如果没有抽到 3 颗相同颜色的球，不就损失 6 元了？

我付 8 元，是不是可以抽 4 颗球？

没有规定一次可以抽几颗球。给 10 元，抽 5 颗；给 12 元，抽 6 颗；依此类推。

不管一次抽几颗，抽到 3 颗、4 颗、5 颗、6 颗相同颜色的球，都只能换一盒扑克牌。

我想要扑克牌，到底要花 16 元直接买，还是花 6 元碰运气？

还有第三种方案，花最少钱，但一定能抽到 3 颗相同颜色的球。

想一想，抽 3 颗球，会出现几种情况？

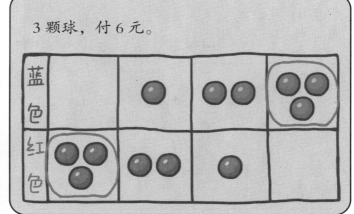
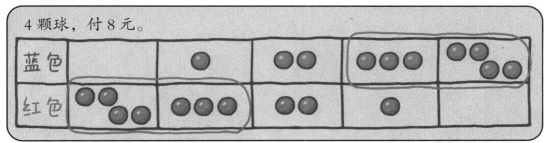
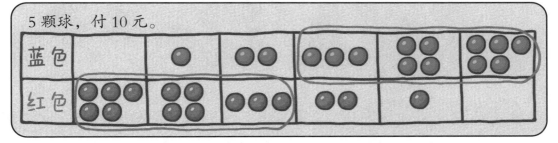

狐狸老板原本打算顾客都花 6 元抽 3 颗球，因为连续抽中 3 颗相同颜色的球的机会并不高，这样他可以赚很多人的 6 元。

请问，一盒魔术扑克牌 16 元，如果有 20 人参加抽色球活动，每个人都付 6 元，有 10 个人抽中 3 颗相同颜色的球，并换到一盒魔术扑克牌。最后，狐狸老板拿到的钱比直接卖 10 盒扑克牌的钱，多还是少呢？

（答案请见 61 页）

三只小猪的新房子

08

三只小猪又要盖新房子了，他们向猴子买砖块，会遇上什么麻烦呢？

经过上次的教训，还是用砖块来盖房子最好。

看吧！还是我最聪明。

猴子，可以帮我们订购砖块吗？

没问题！我还可以帮你们拼出造型特别的墙壁。

墙壁不就是把砖块叠起来，有什么特别的？

那可不！你们看看这些砖墙！

即使是长方形砖块，也能拼出不一样的墙面。

平砌法

人字砌

这个墙面很像用草编织的手提袋耶！

这叫作"人字砌"，利用长方形砖块紧密排列出许多人字，一点缝隙也没有，非常坚固。

我要盖人字砌的砖墙房子。

哼！被抢先了！

有没有更特别的砖块呢？

您要不要换另一种砖块来盖房子呢，像是三角形、正五边形或正六边形？

这些形状都可以当砖块？它们不会透风吗？

当然不会！只不过形状特别，要贵一点！

没问题！我要正五边形的砖块来盖房子！

嘿嘿！赚到了！

猴子，你做生意真不老实，正五边形的砖块一定会透风的！

啊！猫儿摩斯！

什么？我被骗了吗？

剪下一些正三角形、正六边形和正五边形的图形来试试看，哪些形状可以紧密贴合，哪些不行呢？

三角形可以紧密贴合，所以商店店员装三角饭团或是小蛋糕时，常常使用这种拼合方式，节省空间。

正六边形也可以紧密贴合，最有名的例子就是蜂巢，由正六边形的隔间组成，是最节省空间的设计。

正五边形就不行了……会有很多缝隙。

这样我的房子会透风的。

足球！足球好像是由五边形拼成的。

这种图形好像在哪里看过？

足球是由 20 个正六边形和 12 个正五边形组成的，而且拼成的也不是平面，而是球形。

这样好了！我帮你用正五边形和正六边形的砖块，拼成足球状的房子，这样绝对不会透风，又很特别。

奇妙的砌砖术

　　猴子所介绍的"人字砌"，造型是不是很独特呢？这种砖墙在很多古城里就看得到。工匠们利用长方形的砖块，两两叠成一个角，构成一个"人"字，因此叫作"人字砌"，通常用于墙壁或地板上面。另外，平砌法的缝隙像"丁"字，所以又称为"丁字砌"。这两种砌墙法不但可以让墙很漂亮，而且也比一般砖墙更稳固，更有"人""丁"兴旺的吉祥寓意。

丁字砌

人字砌

09

树懒的五边形饼干

树懒先生开了一间五边形饼干店，下午他要出门办事，于是请儿子帮忙处理熊太太和狸猫大叔订的饼干礼盒。

惨了，我不晓得哪些礼盒是熊太太的，哪些是狸猫大叔的。

拆开礼盒，包装纸就坏了。

别慌张，问问狸猫大叔和熊太太订了些什么，说不定就能知道答案。

我订了6盒综合口味的饼干，有牛奶、巧克力、香草和抹茶四种口味。

树懒先生要我挑选包装纸，我只记得每一张颜色都不同，图案很像地砖，相同的形状，反复出现。

狸猫大叔，您订了什么？

我订了 2 盒巧克力饼干，订货时，店内专用的包装纸用完了，树懒先生说会挑选类似图案的包装纸包装。

树懒弟弟，哪些是店内专用的包装纸？

哇！这些都长得这么像，我看不出来。

综合口味的饼干和巧克力饼干的重量或许不相同，我们来称一称。

称好了，礼盒的重量全都一样耶。

想想看，每张包装纸的图案是由哪一种多边形组成的？

从两位的叙述中，我知道答案了！

太好了！这样就能完成爸爸交给我的工作了。

树懒先生开的饼干店名称是五边形饼干，店里用的包装纸应该都是五边形。

那就是这种包装纸，上面的图形有五条边。

包装纸图案全都是五边形图案呀！

不是哦！仔细看，我找出一盒四边形图案的包装纸。

我也找到不一样的了，这盒是六边形，其余都是五边形。

这两盒不是五边形包装纸的是狸猫大叔的。

谢谢。

剩下六盒就是我的。

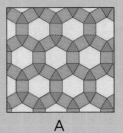

数学追追追

本次游戏是介绍瓷砖铺排的特性。最常见的是由正三角形、正方形和正六边形等组成的图案。以下两种图案，哪一个是由正三角形、正方形和正六边形等三种多边形组成？

A

B

（答案请见61页）

哪个不是盲盒？

狐狸老板又有新的促销花招，他做了很多盲盒，准备卖给大家。

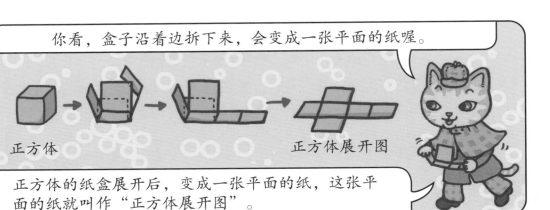

10

你看，盒子沿着边折下来，会变成一张平面的纸喔。

正方体 → → → 正方体展开图

正方体的纸盒展开后，变成一张平面的纸，这张平面的纸就叫作"正方体展开图"。

原来纸盒是这样折出来的。

盲盒好多颜色，是用什么颜色的展开图折出来的？

是由这三种展开图折出来的。

怎么看都是一种啊？

你仔细看，前五个面的颜色固定，第六面颜色可能是粉红色、绿色或橘色。

看起来真复杂。

现在该怎么找出戒指盒呢？

把三种纸盒折起来，一个个找吧。

想想看，以上的盲盒纸卡，相邻的两面，各是什么颜色？

🍓 **数学追追追**

正方体展开图是将六个正方形的面，沿着边接合起来的。正方体展开图有很多种表示法，请动手试试看，哪个不能折成正方体？

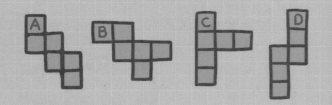

（答案请见61页）

对称图闯关游戏

快乐农场举办闯关游戏，只要顺利挑战三关，就能获得一包新鲜好吃的蔬菜和水果。为了鲜甜的蔬果，大家都争相去挑战。

目前闯关最快的是猫儿摩斯，一共8分钟。谁如果打破他的纪录，加送2瓶鲜奶哦！

好棒哦。

我们去闯关啦。

第一关：这儿有张左、右两边边长一样的三角形图卡，有几种方法能让图卡填回洞里呢？

这很简单啊，把三角形放上去不就好了。

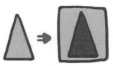

还可以试试翻转的方法，将图放回去哦。

我知道了，翻到背面也能填回洞里，所以共有两种方法。

正面　背面

恭喜通过第一关。

第二关，这里有张边长一样的菱形图卡，如果能用旋转和翻转的方式改变图案的方向，请问有几种方法，可以把图卡放回洞里？

和刚才一样，正面或背面都可以填回洞里，所以共有 2 种。

正面　　背面

答错了，请再想想。

我找出来了，正、背面都能各有两种，所以共有 4 种方法。

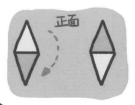

正面

背面

答对了。

题目好简单，闯关现在才花 5 分钟。

说不定能打破猫儿摩斯的纪录，我们走快点吧！

最后一关：我手中这张是边长一样的正六边形图卡，请问有几种方法可以把图卡填回洞里？

三角形有两种，菱形有 4 种，那正六边形……

好难哦！

三角形、菱形、正六边形都是对称图形，想想看，如何利用对称图的特性，快速闯关呢？

我算出来了！一共有12种，对吗？

你们一共花20分钟闯关，只有2包新鲜蔬果。

恭喜过关，请去领取新鲜蔬果。

为什么猫儿摩斯算得这么快？

因为我用了对称图的概念呀。

对称图是什么？

你看，在这个三角形中间画条虚线，虚线左右两边的图是不是长得一样？

正面　　　背面

好像在照镜子。

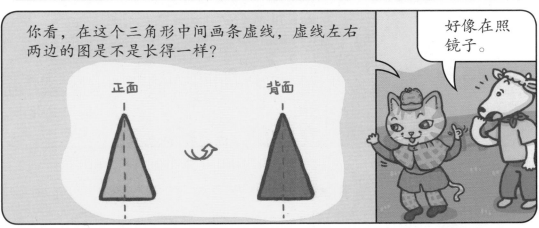

这就是对称图，所以不论是正面或背面向上，都能回填到洞里。菱形图案、正六边形同样也是对称图！

都是对称图，为什么三个图卡填回洞里的方法不一样呀？

因为菱形图案顺时针旋转 180 度后，能与原来图形重叠，产生新的方法，所以正面两种、背面两种，加起来共 4 种方法。

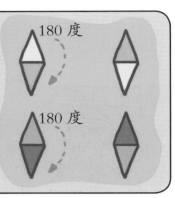

同样的道理，正六边形每旋转 60 度，便能得到一种新方法，正面 6 种、背面 6 种，一共 12 种方法。

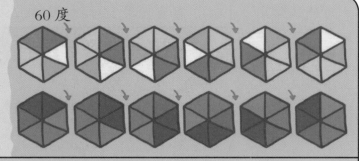

原来不用动手试，就能求出答案。

而且速度更快。

数学追追追

如果一个图形绕着某个点旋转一个角度，能与原来的图形重叠，这种图被称为"旋转对称图"，常见的旋转对称图有正三角形、正方形、圆形等。请想想看，右边哪个图形不是旋转对称图？

☐ A. 月牙形 🌙

☐ B. 正五边形 ⬠

☐ C. 椭圆形 ⬭

☐ D. 长方形 ▬

（答案请见 61 页）

蛋糕怎么切？

鲁拉拉蛋糕店老板举办了一场蛋糕体验营，让喜欢蛋糕的人都来参加。当天做完蛋糕后，鲁拉拉老板灵机一动，想出奇怪的切蛋糕问题来考验大家。

蛋糕切一刀，分成两份，两刀4份，那如何把蛋糕切成3份呢？

画Y字形，蛋糕分3份。

切两刀，蛋糕也分3份。

咦？我也切两刀，怎么切成4块？

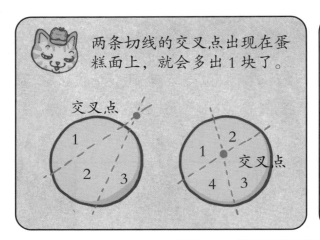

两条切线的交叉点出现在蛋糕面上，就会多出 1 块了。

交叉点

1
2
3

1 2
4 3
交叉点

猫儿摩斯，有没有办法只动三刀，就切出 8 块蛋糕？昨天想了一整晚，都没想出来。

改变原先的切法，是可以用三刀分出 8 块蛋糕的。

改变方法……有了，切三刀分成 6 份，再把其中两块分别剥成两半，就是 8 份了。

这不算啦，要用刀切。

蛋糕立起来切呢？

那不就是横剖蛋糕。

想一想，直切蛋糕和横剖蛋糕做组合，切出来会有哪些变化？

46

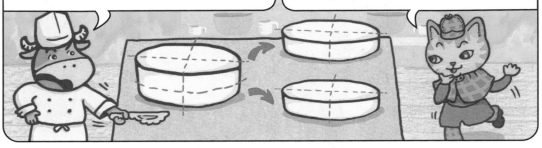

蛋糕如果挤上鲜奶油，就不能这么切了。看我的，三刀分8块。

直切将蛋糕分成4份，横剖时，每一份再分成两小份，一共8份。

肚子好饿，吃蛋糕的时间到了吧。

接着是抹鲜奶油时间，抹得好，才有机会吃蛋糕哦！

数学追追追

　　一般切蛋糕、切葱油饼或切圆柱形芝士时，习惯直切、横切、斜切，并让切线相交在同一点上。跳出这个思维，用别的方法切圆形物体，可以得出很有趣的结果。数一数，切三刀的蛋糕，各被分成几块？哪一种切法分得多？

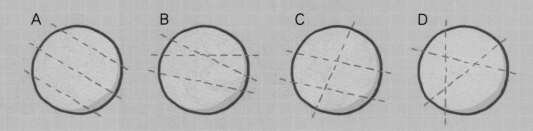

A B C D

（答案请见62页）

奇数站东边，偶数站西边

广场有魔术表演，小羊和小兔手拉手，一起看表演。

乘完后，将两个数字加起来。

得到奇数的站东边，得到偶数的站西边。

56+22=78，我得出的结果是偶数，我站西边。

35+40=75，我是奇数，我站东边。

这张海报是我之前写的预言，大家看看，我的预测准不准？

东边观众，右手握的是奇数，左手为偶数。

西边观众，右手握的是偶数，左手为奇数。

没错，我的右手是偶数，左手是奇数。

魔术师是请助理偷看的，还是会读心术？

魔术师只是做了简单的数学运算。如果右手是奇数，左手是偶数，最后得到的结果便是奇数；反过来就是偶数。

东边　右手：奇数×7＝（奇数）
　　　左手：偶数×2＝（偶数）

　　　（奇数）+（偶数）=（奇数）

西边　右手：偶数×7＝（偶数）
　　　左手：奇数×2＝（偶数）

　　　（偶数）+（偶数）=（偶数）

原来是这样啊。

道理说穿了，就很简单嘛。

数学追追追

魔术师是运用奇数、偶数加法及乘法的特性，例如"奇数 × 奇数 = 奇数""奇数 + 偶数 = 奇数""奇数 + 奇数 = 偶数"，来设计游戏的。假如把 7 改成 6，2 改成 3，得到奇数站东边的观众，左手握的是奇数还是偶数？

得到奇数站东边的观众

右手

偶数 ×6= 偶数
奇数 ×6= 偶数

表示右手是偶数 ↓

左手

偶数 ×3= 偶数 ➙ 不成立
奇数 ×3= 奇数

因为右手是偶数，
所以左手一定是奇数。

过桥的谜题

14

TOP 森林最近花了很多香蕉，请猴子工程师盖了四座美丽的吊桥……

这四座吊桥分别连接了河流的两岸以及中间的小岛……

左岸

右岸

小岛

哈哈！有了这四座吊桥，以后就不用辛苦地划船过河了！

那么请警长第一个过桥，帮大家测试吊桥够不够坚固吧！

为什么要我第一个过桥？

因为你最有"分量"，你可以过，我们就没问题啦！

警长，你该不会有恐高症，不敢过桥吧？

我……我才没有！

猴子工程师，这些吊桥真的够坚固吗？

当然！我昨天把每一座桥都检查过一遍了，保证安全！

真的吗？哈哈！那我就为大家第一个过桥吧！

耶！警长最勇敢了！

嗯……好像真的很坚固！

哇！救命呀！我不会游泳呀！

天啊！警长变成"落汤熊"了！

猴子，你每座桥都好好检查过吗？

有有有！我昨天从河岸的左岸出发，把每座桥都巡逻过一遍后，才又回到左岸……

猴子，你是说你从左岸出发巡完每一座桥，而且每座桥都只走一遍，就可以回到左岸了吗？

没错……有什么问题吗？

你说谎！这是不可能的！

什么？猫儿摩斯来了？

你能够拆穿猴子的谎言吗？

猴子的说法有什么问题呢？

别急！我们先来看看，如果河的两岸和小岛之间只有三座桥相连，猴子的说法有没有问题呢？

如果只有三座桥，那么从任何一个地方开始走完所有吊桥，每座桥只走一遍，都可以回到原点。猴子的说法没有问题！

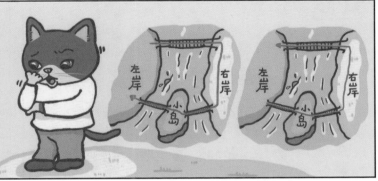

没错！如果河的两岸多加一座桥呢？试试看！

+1

嗯，如果河的两岸多了一座桥，不管从哪个地方出发走完所有的桥，每座桥只走一遍，最后都无法回到原点！

没错！

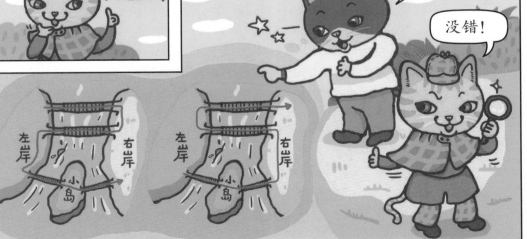

咦，只是加了一座桥，就无法回到原点耶！

+1

没错！你还可以在这三个地点之间多画几座桥，看看哪些情况可以回到原点，哪些情况不行。

我发现了！当左岸和右岸连接桥的数量是偶数时，就可以回到原点！

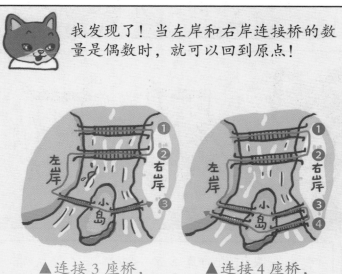

左岸　右岸　小岛　① ② ③

▲连接3座桥，不能回到原点！

左岸　右岸　小岛　① ② ③ ④

▲连接4座桥，能回到原点！

原来你真的在说谎！害我变成落汤熊！

对不起！我错了！

数学追追追

古老的七桥谜题

在大约三百年前的欧洲，曾经流传过一个有趣的数学谜题：有一座城，城内有一条河，河中有两座小岛，河的两岸和岛之间有七座桥相连（如下图），猜猜看，如果走完所有的桥，而且每座桥只走一遍，最后还能回到原点吗？

任何简单的问题，都藏着大学问。

（答案请见62页）

抽号码球，坐热气球

好多人想坐热气球，熊先生和熊太太请大家抽号码球，只要抽到的两颗球数字相差 7，就能坐上热气球。

相差 7 是什么意思？

就是两个数相减之后等于7。例如第一颗抽到 2，第二颗要抽到 9（9−2=7），才能坐热气球。

如果第 1 颗是 11，第 2 颗就要抽 4（11−4=7）。

没错！我手上有 12 颗球，每颗球上有一个数字，数字从 1 标到 12，现在我要把球放进箱子了。

每人可以抽几颗球？

一次抽两颗球不用钱，如果一次要抽很多球，要付钱唷！

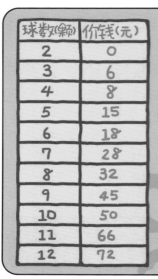

球数（颗）	价钱（元）
2	0
3	6
4	8
5	15
6	18
7	28
8	32
9	45
10	50
11	66
12	72

价钱好怪喔，为什么分两次抽3颗球是12（6+6=12）元，一次抽6颗球却要18元？

当然啊，一次抽6颗球，抽中的机会比较高呀！

我和小羊都没有钱，我们一次抽两颗球。

我有16元，想分两次抽球，每次4颗球。

我抽到1和9，没抽中。

我抽到4和10，也不能坐热气球。

我虽然花了钱，一样没抽中。第一次是抽到2，4，6，12，第二次是3，6，7，11。

我一定要坐上热气球。熊太太，给你72元，12颗球全抽，一定会抽中吧！

想想看，一次最少抽几颗球，就一定能抽到两颗数字相差7的号码球？

请到熊先生那儿抽球。

恭喜二位抽到幸运的号码球，请到藤篮里，准备升空了。

哇～

我飘到天上去了！

呵！呵！呵！

坐热气球，感觉真棒！

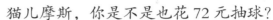

猫儿摩斯，你是不是也花 72 元抽球？

只花了 32 元，就抽中了。

什么？不用花 72 元！

32元

是啊！ 1～12 中，只有五组数字相差 7，分别是：

① ➜ ⑧
② ➜ ⑨
③ ➜ ⑩
④ ➜ ⑪
⑤ ➜ ⑫

6，7 没有和任何数字球相差 7。

6、7

所以，只要抽到五组中的一组，就能坐热气球。

如果我一次抽出7颗球，分别是1，2，3，4，5，6和7，这样可以坐热气球吗？

不行，任意两个数字相减，都不等于7。

要是我从剩下的号码球里再抽出一颗呢？

箱子里剩下的号码球是8，9，10，11，12，不管抽到哪一颗球，都和数字1～5中的一个相差7。

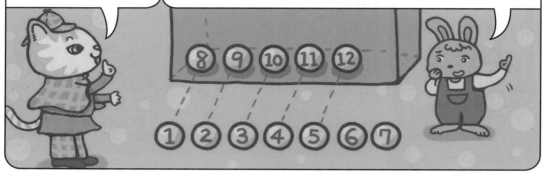

所以最多抽8球，便能坐热气球了。

我白花好多钱呀！

数学追追追

熊太太察觉大家已经发现抽号码球的秘密，于是将箱子里的球数增加为16颗，并规定抽到的任两颗球，数字相差9才能坐热气球。请问最少一次要抽多少颗球，才能保证坐上热气球？

①②③④⑤⑥
⑦⑧⑨⑩⑪⑫
⑬⑭⑮⑯

（答案请见62页）

解 答

第 8 页

70 秒。
小兔、小羊和猫儿花生各花 20 秒（画 10 秒、传纸笔 10 秒），狐狸老板则花 10 秒画画。

第 16 页

甲、丙说谎，乙说实话。因为三人三种答案，但正确答案只有一个。

四份猪排分别是 A，B，C，D。
1. 煎 A，B，C 正面；
2. 煎 A，B 背面、D 的正面；
3. 煎 C，D 背面。

第 24 页

小羊的分数比平均分数高 6 分，表示他考得还不错。

第 12 页

第 28 页

少。
20 个人一共付 120 元。

第 40 页

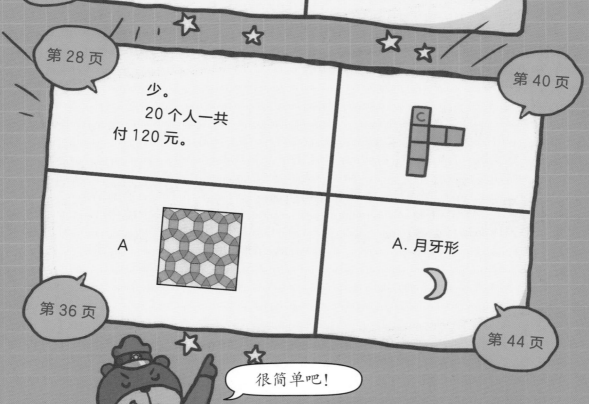

A

A. 月牙形

第 36 页

第 44 页

很简单吧！

解 答

第 48 页

A 被分成 4 块、B 被分成 5 块、C 被分成 6 块、D 可以切出较多块蛋糕。

第 56 页

不能。因为从图上可知，不管是河岸或两个小岛都与奇数座桥相连（例如一座小岛与五座桥相连、一座小岛与三座桥相连），所以从任何地点出发走过全部的桥，每座桥只走一遍，都不可能回到原点。

第 60 页

10 颗。

1 ~ 16 中，只有（1, 10）、（2, 11）、（3, 12）、（4, 13）、（5, 14）、（6, 15）、（7, 16）等七组数字相差 9。

最差的情况下，是前 9 颗号码球抽到 8 和 9，以及七组数字中各抽出 1 个数字，例如 8, 9, 1, 2, 3, 4, 5, 6, 7。则下一次，不管抽到什么号码球，都会和以上某个数字相差 9。

趣味涂色

$81 \times 21 =$

$34 \times 3 =$

$72 \div 24 =$

$56+38 =$

$137+276 =$

$15 \times 11 =$

$169 \times 5 =$

$214+984 =$

$87+129 =$

$915 \div 3 =$

$1660 \div 332 =$

$4238 \div 163 =$

$25 \times 25 =$

$46 \times 76 =$

$156 \div 12 =$

$555-12 =$

$122 \times 13 =$

$572-115 =$

$1891 \div 31 =$

$128+31 =$

$721-197 =$

$0 \div 42 =$

$986 \times 0 =$

$83+49 =$

$102 \times 82 =$

$925-12 =$

$216+638 =$

$342-65 =$

$663 \div 39 =$

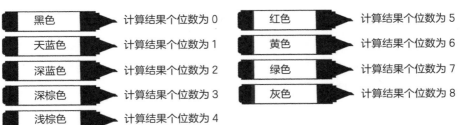

黑色 ➡ 计算结果个位数为0		红色 ➡ 计算结果个位数为5
天蓝色 ➡ 计算结果个位数为1		黄色 ➡ 计算结果个位数为6
深蓝色 ➡ 计算结果个位数为2		绿色 ➡ 计算结果个位数为7
深棕色 ➡ 计算结果个位数为3		灰色 ➡ 计算结果个位数为8
浅棕色 ➡ 计算结果个位数为4		

图书在版编目（CIP）数据

猫侦探的数学谜题. 6，蛋糕怎么切？ / 杨嘉慧，施晓兰著；郑玉佩绘. -- 武汉：长江文艺出版社，2023.7
ISBN 978-7-5702-3036-5

Ⅰ. ①猫… Ⅱ. ①杨… ②施… ③郑… Ⅲ. ①数学－少儿读物 Ⅳ. ①O1-49

中国国家版本馆 CIP 数据核字(2023)第 053930 号

本书中文繁体字版本由康轩文教事业股份有限公司在台湾出版，今授权长江文艺出版社有限公司在中国大陆地区出版其中文简体字平装本版本。该出版权受法律保护，未经书面同意，任何机构与个人不得以任何形式进行复制、转载。

项目合作：锐拓传媒 copyright@rightol.com

著作权合同登记号：图字 17-2023-117

猫侦探的数学谜题. 6，蛋糕怎么切？
MAO ZHENTAN DE SHUXUE MITI. 6，DANGAO ZENME QIE？

| 责任编辑：钱梦洁 | 责任校对：毛季慧 |
| 装帧设计：格林图书 | 责任印制：邱 莉 胡丽平 |

出版：长江出版传媒 长江文艺出版社
地址：武汉市雄楚大街 268 号　　邮编：430070
发行：长江文艺出版社
http://www.cjlap.com
印刷：湖北新华印务有限公司

开本：720 毫米×920 毫米　1/16　　印张：4.25
版次：2023 年 7 月第 1 版　　2023 年 7 月第 1 次印刷

定价：135.00 元（全六册）